AF313307

EXPÉRIENCES

TOXICOLOGIQUES ET AGRONOMIQUES

RELATIVES

A L'ÉPIAMPÉLIE PHYLLOXÉRIQUE

PAR A. BAUDRIMONT

Professeur à la Faculté des Sciences de Bordeaux, etc.

BORDEAUX

IMPRIMERIE G. GOUNOUILHOU

RUE GUIRAUDE, 11.

1874

EXPÉRIENCES

FAITES

SUR DES RAMEAUX DE VIGNE

IMMERGÉS DANS DE L'EAU

TENANT DIVERS PRODUITS EN DISSOLUTION

Le phylloxera continuant à exercer ses ravages, il importe de chercher avec soin les moyens et les agents dont on peut faire usage pour le combattre. Déjà bien des produits et des mélanges ont été proposés et même essayés; mais, avant tout, il convient de savoir si les produits quels qu'ils soient ne sont point nuisibles à la vigne. Avant d'opérer sur des vignes phylloxerées, il paraît rationnel de le faire sur des vignes saines et de voir les effets qu'elles éprouvent lorsqu'on les met en présence de divers agents.

J'ai entrepris des expériences de cet ordre; mais elles demandent un temps assez considérable pour que l'on puisse être certain du résultat obtenu. Afin d'éviter cette lenteur expérimentale, j'ai pensé à mettre simplement des rameaux de vigne en présence de produits dissous dans l'eau, et même, afin d'obtenir des résultats aussi généraux que possible, j'ai pensé qu'il conviendrait d'essayer l'action de produits qui ne seront jamais employés comme anti-phylloxeriques, au moins sur une grande échelle, soit parce que l'on ne pourrait se les procurer qu'en quantité trop minime, soit parce qu'ils seraient d'un prix trop élevé, soit enfin parce qu'ils seraient dangereux pour ceux qui en feraient usage.

On pourra objecter au présent travail qu'un rameau de vigne, qui doit spontanément cesser d'exister dans un bref délai, et qui est privé de radicelles, ne peut être comparé à un cep plein de vie et planté dans le sol. Cependant, tous les produits solubles dans l'eau étant absorbés par les végétaux lorsqu'ils n'en détruisent pas les tissus, ou lorsqu'ils n'en obstruent point les vaisseaux, les renseignements obtenus par le mode d'expérimentation adopté peuvent donc être d'une certaine utilité; n'eussent-ils d'ailleurs qu'un caractère purement scientifique, ils ne manqueraient pas d'intérêt puisqu'ils sont l'origine d'une science nouvelle : celle qui étend jusqu'aux végétaux les actions pharmaceutiques ou vénéneuses.

Il y a environ dix ans que j'ai fait des expériences de cet ordre, et même sur des rameaux de vigne. Malheureusement, les résultats obtenus ont été consignés sur des feuilles volantes qui se trouvent égarées; mais je me rappelle qu'elles ont donné des résultats absolument inattendus, et l'on verra qu'il en est de même des expériences nouvelles.

Que l'on compare l'action de l'eau potable, ordinaire, avec celle de l'eau distillée ; que l'on examine celle exercée par le bichlorure de mercure, l'acétate de plomb, le chromate et le bichromate de potasse, et l'on verra que l'étude qui est l'objet du présent travail, offre un véritable intérêt.

Les expériences ont été faites sur plus de soixante produits différents, et elles l'eussent été sur un plus grand nombre si je n'avais été obligé de m'absenter.

Les produits employés dans cette première série d'expériences comprenaient des acides, des composés salins et des matières organiques. En voici l'énumération :

Acides sulfurique, azotique, chlorhydrique, sulfureux, arsénieux, oxalique et tartrique, auquel il convient d'ajouter le tartrate hydropotassique.

Composés salins, tels que chlorure calcique, bichlorure et cyanure mercuriques, carbonates et bicarbonates potassique et sodique, acétate calcique, azotate potassique, cyanure potassique simple, cyanoferrures jaune et rouge de potassium, chromate et bichromate potassiques, hypermanganate potassique, sulfate et acétate de cuivre ; sulfates de zinc, de fer ; arséniate potassique, deux polysulfures calciques, l'ammoniaque, le sulfure ammon-hydrique, le sulfate et l'oxalate ammoniques, l'acétate de plomb.

Parmi les substances organiques, il a été employé de l'extrait de tabac, de l'opium, du chlorhydrate de morphine, une infusion de noix vomique, de l'azotate de strychnine, et enfin trois espèces de savons.

Les liquides étaient placés dans des flacons d'un demi-litre de capacité. Les rameaux y étaient introduits après avoir été coupés de nouveau et obliquement, afin que les vaisseaux ne pussent être obstrués trop facilement par la condensation de la sève.

Les produits solides, dissous dans l'eau, en ont été, autant que possible, le vingt-cinquième en poids.

En employant cette quantité de matière, j'ai cru me placer dans les conditions qui puissent se présenter dans le traitement des vignes phylloxérées. Lorsque l'on emploiera des produits solubles placés dans une cavité creusée au pied de ce végétal, il pourra arriver que des dissolutions concentrées pénétreront jusqu'à ses radicelles. Alors, leur action dépassera de beaucoup celles déterminées par des dissolutions ne contenant que quatre centièmes du poids de l'eau représenté par des produits actifs.

Pour éclaircir ce sujet, et surtout pour rester dans les limites de produits qui seraient employés comme engrais, des expériences du même ordre ont été entreprises avec de l'eau distillée ne contenant qu'un millième de son poids de produit étranger, soit 1 gramme par litre. Je puis le dire dès à présent, même avec cette faible dose, des effets évidents et très remarquables ont été produits, même en vingt-quatre heures.

Je publierai très prochainement les résultats de ces dernières expériences, ainsi que celles qui ont été faites sur des vignes indemnes, en pleine végétation.

Une partie des produits a été dissoute dans de l'eau ordinaire, afin de ne pas trop s'éloigner de ce qui se passe dans la nature ; l'autre l'a été dans l'eau distillée.

Un flacon contenant de l'eau distillée et un autre flacon contenant de l'eau ordinaire servaient de termes de comparaison.

Les rameaux étaient observés tous les jours, et les effets produits étaient inscrits.

J'ajouterai enfin qu'une partie de ces expériences a été commencée le 31 juillet, à huit heures et demie du soir, et que l'autre a été entreprise le 3 août, à quatre heures de l'après-midi, et que d'autres l'ont été le 11 septembre, car, si on les répétait, la vigne pourrait se présenter dans des conditions différentes selon l'époque où l'on expérimenterait sur elle.

PREMIÈRE PARTIE

Expériences faites sur des produits à dose élevée.

Après trois jours, le rameau plongé dans l'*eau ordinaire* avait ses feuilles supérieures fanées. Huit jours après, celui plongé dans l'*eau distillée* avait conservé toute sa fraîcheur. Les feuilles n'ont commencé à jaunir que le 12 août, et finalement il était mort le 15 du même mois.

Les *acides sulfurique, azotique* et *chlorhydrique* étendus avec un poids d'eau cinquante fois plus grand que le leur, ont en trois jours complètement flétri la vigne.

L'*acide sulfureux* en dissolution aqueuse, qui était loin d'être saturée, a agi rapidement. Dès le lendemain, les nervures des feuilles avaient jauni ; le surlendemain, les feuilles étaient complètement flétries, leurs nervures étaient devenues translucides. La partie de la tige qui était plongée dans le liquide avait blanchi du côté d'où venait la lumière et était jaune du côté opposé. Le troisième jour, le rameau était complètement flétri et ne présentait aucune apparence de vie.

En présence d'une dissolution d'*acide oxalique,* la vigne a jauni et s'est fanée. Elle était d'un vert jaunâtre et complètement flétrie en trois jours.

L'*acide tartrique* n'a rien donné de mieux. Les feuilles inférieures du rameau étaient fanées dès le lendemain. Après trois jours, elles étaient flétries et à demi sèches.

Sous l'influence du *tartrate hydropotassique* (tartrate, acide de potasse ou crème de tartre), les feuilles se sont fanées principalement en bas et en haut; la partie moyenne a mieux résisté.

Les acides quels qu'ils soient, ou les corps simplement acides au point de vue de leur saveur et de leur action sur la teinture de tournesol, exercent une action fâcheuse sur la vigne et la font faner avec une certaine rapidité. D'une autre part, s'ils étaient introduits dans le sol, ils y rencontreraient des carbonates calcaires, en si faible quantité qu'il soit, qui les satureraient et les rendraient inertes; il n'y a donc point lieu d'en faire usage pour combattre l'épiphytie actuelle.

Les *carbonates* et les *bicarbonates potassique* et *sodique* ont aussi été essayés.

Sous l'influence du *carbonate potassique,* le rameau a commencé par se flétrir à ses deux extrémités; la partie moyenne s'est assez bien conservée pendant trois jours.

Carbonate hydropotassique ou *bicarbonate de potasse.* Rameau fané. Feuilles jaunâtres, se desséchant à l'extrémité supérieure. Complètement fané et même flétri en trois jours. Grillé le cinquième et complètement mort le sixième.

Carbonate sodique. Après le premier jour, le rameau est bien conservé; la couleur des feuilles est foncée; elles sont fanées et flétries dès le deuxième jour. Le troisième, le vert est plus foncé encore, mais les feuilles sont recoquevillées. Le quatrième, elles sont flétries. Le cinquième, elles paraissent grillées. Le sixième, le rameau est complètement mort.

Carbonate hydrosodique ou *bicarbonate de soude*. Après vingt-quatre heures, le rameau est en très bon état. Le deuxième jour, les feuilles sont bien conservées, quant à leur épanouissement; mais elles ont pâli et leurs nervures noircissent. Le troisième jour, elles sont d'un vert jaunâtre peu foncé, bien étendues et tachées de noir de chaque côté des principales nervures. Le quatrième jour, elles sont flétries. Le cinquième, les taches des nervures sont très évidentes, et elles vont en augmentant. Le huitième, les feuilles paraissent grillées, le rameau est desséché et mort.

Le *chlorure* et l'*acétate calciques* ont aussi été essayés. Sous l'influence du premier de ces agents, les feuilles se sont fanées en vingt-quatre heures et présentaient un commencement de flétrissure. Le lendemain, elles étaient flétries et comme grillées. Le surlendemain, elles étaient couvertes de taches jaunes. Et le sixième jour, le rameau ne donnait plus aucun signe de vie.

L'*acétate calcique* a fait faner rapidement les feuilles du rameau ; elles se sont flétries et paraissaient même desséchées le troisième jour.

Les sels calcaires solubles, même en quantité peu considérable, mais lorsqu'elle dépasse celle que les végétaux puisent naturellement dans le sol, peuvent donc être nuisibles à la vigne.

Sous l'influence de l'*azotate potassique* dont l'eau contenait quatre centièmes de son poids, la vigne s'est rapidement flétrie. Les feuilles sont restées très adhérentes au rameau.

L'*ammoniaque* libre, étendue de vingt-cinq fois son volume d'eau, a présenté des phénomènes singuliers. La tige du rameau est devenue peu à peu noire en allant de bas en haut. Les feuilles adhérant à la partie noire étaient fortement flétries; celles adhérant à la partie verte ne l'étaient qu'à demi; seulement, les unes et les autres pouvaient être arrachées sous l'influence d'un faible effort.

Le *sulfure ammonhydrique (hydrosulfate d'ammoniaque* obtenu en faisant passer un courant d'hydrogène sulfuré dans de l'ammoniaque jusqu'à refus) agit en apparence comme l'ammoniaque.

La tige du rameau noircit, mais moins rapidement que sous l'influence de celte dernière. Les feuilles sont fanées; mais non flétries à la partie supérieure.

Sous l'influence d'une faible dissolution de sulfure hydrique (environ un demi-volume de gaz pour un volume d'eau, mais renouvelé chaque jour), la vigne s'est flétrie rapidement. Les feuilles à la fin de l'expérience pouvaient être arrachées avec une certaine facilité; mais moins facilement cependant que celles des rameaux ayant été soumis à l'influence de l'ammoniaque.

Deux *polysulfures calciques* ont été essayés : l'un obtenu par voie humide; l'autre en chauffant du soufre fondu en présence de la chaux hydratée. Ces deux produits ont donné des résultats essentiellement distincts. Sous l'influence du premier, les feuilles étaient couvertes de taches dès le lendemain. Le surlendemain, la vigne était fortement altérée et présentait de larges taches, les unes blanches et les autres foncées. Enfin, le troisième jour, le végétal était très flétri et l'on peut dire mort. Sous l'influence du sulfure obtenu par voie sèche, le lendemain, les rameaux étaient très beaux et mieux conservés que ceux plongés dans l'eau. Le deuxième jour, ils présentaient une apparence magnifique. Le troisième jour ils étaient bien conservés et les feuilles étaient d'un beau vert. Le sixième jour, le rameau était bien conservé. Ce n'est que le septième que deux feuilles ont commencé à jaunir. Le huitième jour, il a commencé à se faner, et, le neuvième, il était fortement flétri.

Dans ces deux expériences, les éléments étaient les mêmes; mais on est forcé de reconnaître qu'ils ne devaient point être unis de la même manière, puisque les effets produits ont été essentiellement différents.

On verra par la suite que le sulfure calcique obtenu par voie sèche a exercé une action du même ordre sur la vigne sur pied, comme on le dit généralement.

Il en a été de même du produit anti-phylloxerique de M. Crébessac, dont une des bases est le sulfure dont il est ici question.

Cette poudre mise en présence de vingt fois son poids d'eau a donné de bons résultats. Ce n'est que le cinquième jour que les feuilles ont commencé à se flétrir. Le sixième jour, elles paraissaient un peu grillées. Le septième, elles tombaient et le rameau était complètement mort.

Le *sulfate ammonique* a paru exercer une influence quelque peu favorable. Le lendemain de l'immersion, le rameau était bien conservé et présentait une belle couleur verte. Le surlendemain, de faibles taches commençaient à paraître sur les feuilles. Ce n'est que le troisième jour que celles-ci ont pâli aux environs des nervures. Le quatrième, elles ont commencé à se flétrir, et le cinquième, elles étaient grillées et mortes.

L'*oxalate ammonique*, qui ne renferme cependant que des éléments utilisables par la végétation, s'est comporté d'une tout autre manière. Après vingt-quatre heures, les feuilles étaient fanées et commençaient à se dessécher. Le lendemain, elles étaient fanées, flétries et d'un vert jaunâtre. Le troisième jour enfin, elles étaient fortement crispées, desséchées et d'un vert gris sombre.

Le *cyanure de potassium* dissous dans l'eau distillée a été essayé. Après vingt-quatre heures, le rameau paraissait assez bien conservé; cependant il présentait un commencement d'altération à sa partie inférieure. Le deuxième jour, il était fortement altéré; les tiges avaient noirci; les nervures des feuilles avaient aussi pris la même couleur. Le troisième jour, la tige et les nervures des feuilles étaient entièrement noires et toutes les feuilles étaient flétries. Le liquide était devenu jaune sale et il y en avait eu environ 3 centimètres et demi de hauteur d'absorbé.

Le cyanure de potassium est donc un agent aussi vénéneux pour les végétaux que pour les animaux.

Les *cyano* et *cyani-ferrures potassiques* ont été essayés.

Le *cyanoferrure jaune* a paru exercer une influence favorable à la végétation. Le lendemain de l'immersion, le rameau était vigoureux; les feuilles belles et très colorées. Le deuxième et le troisième jour, il avait conservé une belle apparence; les feuilles étaient très fanées, mais elles étaient tachées auprès des nervures.

Le quatrième jour, les feuilles étaient flétries. Le cinquième jour, elles paraissaient grillées et le rameau était évidemment mort. Une quantité considérable de liquide avait été absorbée.

Le *cyanoferrure rouge* a produit des effets encore plus satisfaisants que le précédent (au moins en apparence). Le troisième jour, les feuilles étaient très étalées et foncées en couleur ; mais elles commençaient à se tacher en jaune. L'intensité et le nombre des taches a été en augmentant. Le septième jour, les feuilles étaient flétries. Le huitième, elles paraissaient grillées. Le neuvième jour, le rameau était mort. L'absorption du liquide a été très notable, mais dans les derniers jours seulement. Toutefois, il n'a pas été absorbé en quantité aussi considérable que dans l'expérience précédente.

Le *chromate* et le *bichromate potassiques* ont aussi été l'objet d'expériences spéciales.

Sous l'influence du *chromate potassique simple*, le rameau de la vigne paraissait altéré dès le lendemain. Après quarante-huit heures, la tige était d'un brun presque noir. Cette couleur s'étendait aux pétioles et même aux nervures des feuilles. Le troisième jour, le parenchyme des feuilles était d'un vert très foncé. L'absorption du liquide a été très faible.

Le *bichromate potassique* s'est comporté sensiblement comme le chromate simple. Les nervures étaient d'un noir bleuâtre très foncé. Le parenchyme foliacé situé près des nervures avait pris la même couleur qu'elles, et les feuilles du haut de la tige étaient étries.

Sous l'influence du *permanganate potassique,* les feuilles étaient fanées dès le lendemain ; vingt-quatre heures après elles commençaient à se dessécher ; et le troisième jour elles étaient flétries et même en partie altérées. L'absorption du liquide avait été faible.

Deux *sels de cuivre :* le *sulfate* et l'*acétate,* ont aussi servi pour faire des expériences.

J'ai démontré, dans la leçon que j'ai faite le 17 juillet dernier (1874), que le sulfate de cuivre se décomposait en présence de l'eau chargée de bicarbonate calcaire, et qu'il ne pouvait être employé avec succès pour détruire le phylloxera. J'ai cru cependant devoir l'essayer sur des rameaux de vigne.

Le *sulfate cuprique* a d'abord été dissous dans l'eau ordinaire. Elle en contenait 4 centièmes de son poids. Le lendemain, les rameaux paraissaient être les mieux conservés de tous; mais les feuilles étaient infléchies. La liqueur était en partie décolorée et il s'était formé un dépôt d'un blanc bleuâtre. Le surlendemain, le rameau paraissait encore assez bien conservé et il était moins flétri que celui plongé dans une dissolution de sulfate de fer.

Une deuxième expérience a été faite en employant de l'eau distillée au lieu d'eau ordinaire. Le rameau de vigne a d'abord paru s'y conserver ; mais il s'est flétri dès le troisième jour.

Sous l'influence de l'*acétate de cuivre*, le rameau de vigne s'est flétri promptement. La liqueur s'est troublée et opacifiée dans le bas du flacon. Elle allait en s'éclaircissant de bas en haut.

Le *sulfate de zinc* a paru produire un assez bon effet. Après vingt-quatre heures seulement, la feuille inférieure était crispée, puis elles se sont toutes crispées ensuite.

Le *sulfate de fer* a exercé une influence funeste. Les feuilles se sont rapidement flétries. Après quarante-huit heures, elles étaient même desséchées à l'extrémité supérieure. On observait un dépôt jaune, ocracé, dans le flacon. D'où l'on peut conclure qu'il y avait eu quelque réaction chimique entre le suc de la plante et le sel employé. Il est aussi probable qu'il s'est formé quelque produit qui a gagné successivement les feuilles de la plante et les a fait périr.

Sous l'influence de l'*acétate de plomb* dissous dans l'eau ordinaire, la plante a paru s'améliorer. Le lendemain, les feuilles étaient très belles, étalées, et d'un vert vif. Il s'était formé un dépôt blanc dans le flacon. Le surlendemain, les feuilles inférieures étaient flétries, tandis que les supérieures paraissaient bien conservées et ne se détachaient point par l'attouchement.

Sous l'influence du même sel dissous dans l'eau distillée, la plante a paru bien conservée. Après vingt-quatre heures seulement, deux feuilles étaient altérées. Le lendemain, l'état était à peu près le même. L'eau du flacon avait baissé de deux centimètres, ce qui prouve qu'il y avait eu absorption. Le troisième jour, les feuilles du bas étaient flétries et celles d'en haut étaient tachées près des nervures principales. Le lendemain, elles étaient mortes.

Les rameaux mis en présence de *l'acide arsénieux* ont paru d'abord bien conservés et la couleur des feuilles était devenue plus foncée; mais après quarante-huit heures ils étaient fanés. Le troisième jour, la plante était complètement perdue. La quantité de liquide absorbé était assez considérable.

L'arséniate de potasse a exercé une action plus rapide encore. Après quarante-huit heures, le rameau était complètement fané, flétri et même desséché. La partie supérieure des feuilles du haut du rameau paraissait couverte d'une poudre blanche.

L'arsenic sous ses deux formes principales serait donc dangereux pour la vigne, et il convient par conséquent de n'en point faire usage pour détruire le phylloxera, et cela d'autant plus qu'étant absorbé il pourrait pénétrer dans le raisin, s'y fixer et devenir dangereux pour l'espèce humaine.

Le *bichlorure de mercure* a été essayé en dissolution dans l'eau ordinaire, d'une part, et dans l'eau distillée, d'autre part.

En présence de la première dissolution, les feuilles ont paru se bien conserver; elles étaient fortement étalées et plus foncées en couleur que la plupart de celles des autres rameaux de vignes, soumis au même genre d'expériences. Cependant la tige commençait à se couvrir de taches brunes dans sa partie inférieure. Après vingt-quatre heures, il y avait eu une grande absorption de liquide, d'où l'on peut conclure que l'agent employé avait pu pénétrer jusque dans les feuilles. Le surlendemain, une partie des feuilles paraissait encore bien conservée; *mais leur pétiole se détachait de la tige par le moindre attouchement, et les nœuds de la tige se désarticulaient même avec une extrême facilité.*

Un dépôt blanc s'était formé à la partie inférieure du liquide.

Le *bichlorure de mercure* dissous dans l'eau distillée s'est comporté comme le précédent. Le troisième jour, les feuilles de la partie inférieure étaient fanées et commençaient à se détacher de la tige par un simple attouchement. Le cinquième jour, le rameau n'avait plus l'apparence de la vie. L'absorption du liquide avait été plus faible que dans l'expérience précédente.

Le *cyanure de mercure* dissous dans l'eau distillée n'a point agi comme le bichlorure de mercure. Les feuilles étaient flétries après vingt-quatre heures et ne se détachaient point de la tige du rameau après deux jours.

Comme on vient de le voir, le bichlorure de mercure, qui paraissait exercer une action favorable à la vigne, a été un agent funeste. Il l'avait probablement fait périr en peu de temps, et il n'agissait alors que comme un agent conservateur.

La désarticulation des pétioles et des rameaux mérite une attention toute spéciale ; car quelle peut être la cause de cette action singulière ?

Des produits vénéneux d'origine organique ont aussi été employés : le tabac, l'opium, la noix vomique, ainsi que des sels de morphine et de strychnine.

Un extrait de tabac, très concentré, dont nous avions pu tirer une quantité assez considérable de *nicotine*, a été essayé. Après l'avoir délayé dans l'eau, un rameau de vigne a été plongé dans le liquide ainsi obtenu. Le lendemain, le rameau était fortement fané et les feuilles inférieures avaient jauni. Le surlendemain, les feuilles paraissaient desséchées et plus jaunes encore. Le troisième jour, il était complètement fané et même desséché.

Le tabac est donc vénéneux pour les végétaux comme pour l'espèce humaine. Si on l'employait pour détruire le phylloxera, il faudrait que ce fût à faible dose..... Mais alors réussirait-il ?

L'*opium* a produit un effet beaucoup moins grave. De l'extrait d'opium dissous dans l'eau n'a fait que donner à la plante une apparence de sommeil. Elle était un peu fanée ; mais les feuilles avaient conservé leur verdeur ; seulement leur pétiole s'étant infléchi, elles s'étaient inclinées. Le quatrième jour, les feuilles étaient flétries. Le cinquième, le sommet du rameau paraissait grillé. Le sixième, il était mort.

Sous l'influence du *chlorhydrate de morphine*, le rameau s'est parfaitement conservé pendant cinq jours, au moins en apparence. Le sixième jour, les feuilles ont commencé à se flétrir. Le neuvième, le rameau était mort.

Une forte infusion de *noix vomique* a été nuisible à la vigne. Le lendemain, le rameau était fané. Le surlendemain, les feuilles de l'extrémité libre paraissaient desséchées. Le troisième jour, les feuilles étaient fanées dans la partie inférieure du rameau et desséchées à sa partie supérieure.

Sous l'influence de l'*azotate strychnique*, le rameau qui était plongé dans sa dissolution a conservé la plus belle apparence pendant trois jours. Le quatrième, les feuilles ont commencé à se flétrir ; plus tard, les feuilles se sont inclinées tout en conservant leur couleur verte.

Que faut-il donc penser d'une action de cet ordre ? La strychnine, qui est un agent si funeste pour les animaux, est-elle donc favorable aux végétaux ?

Il importe de faire de nouvelles expériences, et notamment sur des végétaux complets avant d'oser se prononcer sur un tel sujet.

Trois espèces de *savons* ont aussi été essayés : le savon blanc de Marseille ; le savon mou du nord de la France, et un savon dit noir, qui est solide et contient probablement de la résine. Ces savons ont été délayés dans l'eau. Tous trois ont donné le même résultat : en vingt-quatre heures les rameaux étaient fortement fanés ; en quarante-huit heures, ils étaient flétris et morts sans aucun doute.

Il est possible que les savons, décomposés en pénétrant dans le végétal, en aient obstrué les vaisseaux et que l'absorption de l'eau ne pouvant plus avoir lieu, le dépérissement rapide des rameaux en ait été la conséquence. Le même effet pouvant se produire sur les radicelles des plantes, on devra repousser l'emploi du savon pour détruire le phylloxera. Des expériences sont faites en ce moment sur des vignes entières, et l'on saura bientôt à quoi s'en tenir sur ce sujet.

Je crois devoir ajouter que le savon délayé dans l'eau fait périr rapidement les insectes qui y sont immergés, et qu'il pourrait y avoir intérêt à en faire usage si, à dose convenable, il n'exerçait point une action trop défavorable sur la vigne.

RÉSUMÉ ET CONCLUSIONS DE LA PREMIÈRE PARTIE.

Il résulte des expériences consignées dans ce travail, que presque toutes les substances qui sont vénéneuses pour les animaux exercent aussi une action délétère sur la vigne.

Il en a été de même pour des substances qui ont d'abord paru leur être favorables, telles que l'acétate de plomb, le sulfate de cuivre et le bichlorure de mercure, auxquels on peut joindre les cyanoferrures potassiques jaune et rouge.

Les acides, l'ammoniaque, le sulfure ammonhydrique, l'arsenic dans deux états de combinaisons (acide arsénieux et arséniate de potasse) ; les carbonates et les bicarbonates alcalins, l'azotate potassique, le sulfate zincique, le sulfate ferreux et même les sels calcaires, ont tous été nuisibles à la vigne. Toutefois, il ne faut point perdre de vue la dose élevée à laquelle ces produits ont été employés.

Il en a été de même du tabac et de la noix vomique qui contiennent des poisons d'origine organique.

Il n'y a que le sulfate d'ammoniaque et le sulfure calcique soluble, obtenu par la voie sèche, qui n'aient point exercé une action défavorable sur la vigne.

En dehors de ces produits, il y a encore le chlorhydrate de morphine et l'azotate de strychnine qui ont paru exercer une action favorable sur le végétal ; mais il est probable que cette action n'était qu'apparente. Le prix de ces substances est d'ailleurs trop élevé pour que l'on puisse les employer comme anti-phylloxeriques. Il pourrait d'ailleurs y avoir du danger à le faire, parce que si ces produits venaient se concentrer dans le raisin, ils pourraient finalement réagir d'une manière fâcheuse sur ceux qui seraient appelés, soit à le consommer directement, soit à boire le vin qui en proviendrait.

Il résulte enfin de cette première partie des expériences entre-

prises sur des rameaux de vigne, qu'une foule de produits qui ont
été proposés pour combattre l'épiampélie phylloxerique, doivent
être rejetés comme étant essentiellement nuisibles à la vigne ;
cependant, à une dose plus faible, il est de ces produits qui
pourraient au contraire donner des résultats avantageux, ainsi que
cela sera ultérieurement démontré. Dans tous les cas, il conviendra
d'admettre que le premier principe des traitements à adopter doit
être de détruire le phylloxera et de conserver la vigne ; même de
l'améliorer s'il se peut. Résultat que mes expériences me permettent de regarder comme pouvant être atteint.

DEUXIÈME PARTIE.

Ainsi que cela a été dit dans la première partie de ce travail,
les liqueurs dans lesquelles ont été plongés les rameaux ne conte-
naient, en général, qu'un millième du produit qui devait être
essayé, contre mille parties d'eau ; c'est au moins ce qui a été
fait pour les substances salines. Les liquides et les matières
organiques ont été dosés dans des proportions spéciales qui
seront indiquées pour chacune d'elles.

Les substances employées sont au nombre de vingt-six ; en
voici l'énumération :

SUBSTANCES SALINES, ETC.

Chlorure ammonique ; chlorure, bromure et iodure potassiques ;
chlorure sodique, cyanure hydrique ; azotates ammonique, potassique, sodique et argentique ; sulfates magnésique et calcique ;
phosphate hydrobisodique, carbonate hydrammonique, oxalate
ammonique, pyrolignite de fer, foie de soufre, polysulfure
calcique.

MATIÈRES D'ORIGINE ORGANIQUE.

Alcool, eau-de-vie camphrée, acide phénique, créosote, essence de térébenthine, chloroforme, chloral hydraté, naphtaline.

Dans ces expériences, comme dans les précédentes, de l'eau distillée et de l'eau ordinaire ont été employées pour servir de termes de comparaison. Généralement, les vases renfermaient deux ou un plus grand nombre de rameaux. J'ai pu voir qu'à l'époque avancée, relativement à la végétation, où les expériences ont été faites, les rameaux diffèrent beaucoup les uns des autres : il en est de jeunes, pleins de vie, qui offrent une résistance considérable, et il en est d'autres, au contraire, qui se flétrissent rapidement dans les conditions où ils pourraient être conservés. En général, les premiers ont les feuilles d'un vert tendre, et les derniers les ont d'un vert foncé; teinte qui annonce leur décrépitude et la fin prochaine de leur existence. Ce sont les premiers seulement qui ont été observés avec soin, et qui ont donné des résultats qui ont été enregistrés.

SUBSTANCES SALINES, ETC.

Eau distillée. — Des rameaux de vigne ont été plongés dans plusieurs flacons contenant de l'eau distillée. En général, ils s'y sont bien conservés. Des expériences ont été commencées le 11 et le 20 septembre. Le 16 seulement les feuilles inférieures ont commencé à se plier et à se faner quelque peu; le 17, les feuilles du bas sont un peu plus fanées que celles du haut. Les feuilles moyennes sont simplement déformées par plissement. Quelques-unes sont tachées en noir. Deux se désarticulent par la flexion. Le 18 et le 19, quelques feuilles tombent. Le 20, les feuilles sont fanées dans toute la longueur du rameau; plusieurs tombent. On y remarque des taches brunes et d'autres qui sont vert clair.

19

Eau ordinaire. — Le 15 septembre, la partie inférieure des rameaux a bruni. Le 16, les feuilles inférieures commencent à se plier et à se faner. Le 17, feuilles un peu plus fanées que la veille, surtout dans la partie inférieure. Le 18, elles sont aussi fanées en haut et flétries partout. Plusieurs se détachent. 19 et 20, les feuilles continuent à se détacher dans toute la partie supérieure. La séparation a lieu principalement entre le lymbe et le pétiole.

Chlorure potassique. — Ce composé s'est comporté d'une manière exceptionnelle. Les feuilles des rameaux de vigne y sont demeurées étalées, d'un beau vert, et comme si elles étaient couvertes d'un verni brillant. Le 19, on remarquait que le liquide avait été absorbé en quantité considérable. Le 20, on en ajoute de nouveau contenant 1 partie de chlorure potassique pour 1,000 d'eau. Le 21, une petite feuille de l'extrémité supérieure a commencé à se faner. Le 25, le rameau est toujours beau, mais ses feuilles commencent à tomber. Le 28, toutes les feuilles sont tombées, excepté les trois supérieures, situées au-dessous de la fanée, qui sont encore belles.

Bromure potassique. — Les feuilles paraissent assez belles, mais moins que celles du rameau plongé dans la dissolution de chlorure potassique. Le 14, les feuilles sont larges, bien étalées, d'un vert foncé; mais les feuilles de l'extrémité libre commencent à jaunir. Le 15, le rameau est assez bien conservé; mais les feuilles de son extrémité libre brunissent et se flétrissent. Le 16, les feuilles inférieures commencent à se faner. Le 18, les feuilles du bas sont un peu fanées. Le 19, feuilles desséchées, excepté quelques feuilles encore vertes vers le haut. Le 20, fanées et desséchées en haut et en bas, quelques feuilles moyennes conservées; chute par la pression. Le 21, l'état s'aggrave. Le 22, feuilles sèches et tombant; quelques-unes vers la partie supérieure, mais non à l'extrémité, simplement fanées. 23, mort.

Iodure potassique. — Le lendemain, le sommet est flétri.

Le 14, le rameau paraît assez bien conservé; seulement, quelques feuilles, surtout celles de la partie supérieure, sont plissées. Le 15, chute des feuilles, même de celles qui ne portent aucune tache de flétrissure. Grande absorption de liquide. Le 16, il ne reste plus que trois feuilles dans le bas et qui sont adhérentes; mort.

Chlorure sodique. — Le lendemain, les feuilles sont inclinées; les supérieures sont flétries. Le surlendemain, 13, les feuilles inférieures commencent à se dessécher. Le 14, les feuilles sont très fanées à l'extrémité libre. Les cirrhes sont sèches. Sur le rameau, à chaque nœud, il y a une grande et une petite feuille. Ces dernières sont très fanées; les grandes le sont peu. Le 15, les feuilles inférieures et supérieures sont fanées et sèches; les moyennes sont inclinées, mais assez belles. Absorption sensible du liquide. Le 16, les feuilles paraissent un peu plus fanées. Le 17, les feuilles du bas du rameau sont desséchées; le haut est flétri et même sec. Le 18, les feuilles moyennes paraissent encore assez bien conservées; il en est de même le 20. Le lymbe des feuilles se détache du pétiole. Le 21, quatre feuilles de celles qui restaient en assez bon état commencent à se faner. Le 22, sur cinq feuilles qui restaient, deux tombent au simple contact de la main. Il n'en reste que trois qui paraissent conservées; le reste est fané, flétri ou tombé. 23, comme le 22. Le 28, il reste des feuilles vertes et adhérentes. Il y a eu une absorption considérable de liquide.

Cyanure hydrique. — Ce produit, qui est un poison violent pour les animaux, a aussi été funeste à la vigne. Le 12 septembre, soit le lendemain du jour de l'immersion d'un rameau de vigne dans 200 grammes d'eau distillée contenant 1 centimètre cube de ce liquide, les feuilles étaient inclinées, comme si leur pétiole n'avait pas la force de les porter; le sommet du rameau s'était infléchi. Le 13, les feuilles du sommet et de la partie inférieure du rameau étaient très flétries et commençaient même à se dessécher. Celles de la partie moyenne étaient un peu mieux conservées et d'un beau vert foncé. Le 14, comme la veille ; mais un peu plus avancé. Les feuilles moyennes étaient d'un vert foncé et luisant. 15, très foncées, sèches en bas et en haut ; les feuilles moyennes paraissent encore fraîches. Le 16, très foncées, quatre feuilles moyennes à demi conservées. Le lendemain, 17, il ne reste plus que trois feuilles non fanées. Le 18, il n'y en a plus qu'une ; elles sont toutes adhérentes. Le 19, le rameau ne présente plus aucun signe de vie.

Azotate ammonique. — Un très long rameau de vigne a été plongé dans la dissolution de ce produit. Le lendemain, le sommet était flétri dans la moitié de la longueur totale du rameau. Le surlendemain, 13 septembre, cette partie supérieure était flétrie, et les feuilles, en général, paraissaient recouvertes d'une pellicule blanchâtre. Le 14, les pétioles sont inclinés, les feuilles sont fanées dans toute la longueur du rameau, excepté les quatre premières. Le 15, l'apparence générale est la même. Le 16, trois feuilles inférieures paraissent à peu près conservées ; l'une d'elles a jauni. Tout le reste est très fané et même sec. Le 17, les feuilles inférieures commencent à se faner. Le 19, les limbes des feuilles se détachent du pétiole ; la plante peut être considérée comme ayant cessé de vivre.

Azotate potassique. — Le lendemain de l'immersion, le rameau est flétri dans toute sa longueur. Le surlendemain, la flétrissure a augmenté à la partie supérieure ; il en est de même le troisième jour après l'immersion ou le 14 septembre. Le 15, les feuilles sont très fanées à la partie supérieure et sèches à l'extrémité libre ; les quatre inférieures sont fanées. Le 16, les feuilles finales sont desséchées. Le 17, les feuilles moyennes qui s'étaient conservées jusqu'à ce jour commencent à se faner. Le 19, deux feuilles ne paraissent que flétries et toutes les autres grillées ; elles se détachent de leur pétiole. Le 20, le rameau est sec et fané, on peut dire mort.

Azotate sodique. — Le 12, le sommet du rameau est flétri.

Le 13, les feuilles sont presque sèches. Le 14, elles sont fanées aux deux extrémités et commencent à l'être au milieu. Le 15, elles sont sèches en haut et en bas; quatre sont assez bien conservées au milieu; cependant l'une d'elles est crispée sur les bords. Le 17, le rameau et ses feuilles sont flétris et secs; cependant trois feuilles moyennes résistent encore. Le 18, il n'y a plus que deux feuilles qui aient résisté. Le 19, il ne reste qu'une feuille que l'on ne puisse dire morte. Chute du lymbe des feuilles à l'extrémité du pétiole.

Azotate argentique. — Malgré son prix élevé, ce produit a été préconisé pour détruire le phylloxera. Dans le sol, s'il y a des chlorures, il court la chance d'être rendu insoluble et inactif; j'ai cependant cru devoir l'essayer. L'expérience a commencé le 11 septembre. Le 12, les feuilles sont en partie flétries et fanées : celles du bas présentent des taches noires. Le 13, les feuilles sont altérées dans le bas, mais elles paraissent assez bien conservées dans le haut du rameau; la tige de ce dernier noircit. Le 14, les trois quarts de la partie inférieure du rameau portent des feuilles fanées; le quart supérieur paraît encore assez bien conservé; le tiers inférieur du rameau a noirci. Le 15, très flétri. Feuilles de l'extrémité un peu conservées. Chute des feuilles. Le 16, le rameau était mort.

Sulfate magnésique. — Le lendemain bien, le surlendemain assez bien. Le 14 de même, excepté la troisième feuille inférieure qui commence à se faner. Le 15, encore assez bien conservé. Cependant les petites cirrhes sont fanées, la troisième feuille se sèche; l'extrémité libre commence à se faner; il s'est fait une absorption notable. Le 17, les feuilles du bas sont très fanées; quelques feuilles de la partie supérieure sont assez bien conservées. Le 18, le bas est desséché. Il y a encore quelques feuilles fraîches et bien étalées. Les dernières sont flétries; leur pétiole se détache de la tige. Le 20, les feuilles sont très fanées et tombent; cependant il en reste trois grandes et trois petites qui se maintiennent. Le 21, feuilles fanées et desséchées partout, excepté deux dans le quart supérieur du rameau. Le 22, le rameau a bruni et s'est desséché. Une seule feuille ordinaire, accompagnée de deux autres très petites, conservent une apparence de vie. Le 23, une seule feuille n'est point flétrie; mais elle est pliée. Le 24, elle est très fanée, et tout le reste est mort.

Sulfate calcique. — La dissolution du sel était concentrée. Expérience commencée le 11; le lendemain, le rameau est bien conservé; le 13, il paraît assez bien conservé; mais les cirrhes sont fanées à leur extrémité libre. Le 14, les dernières petites feuilles commencent à se faner. Le 15, les cirrhes sont entièrement fanées. Les dernières cinq feuilles sont aussi fanées et de plus en plus en se rapprochant de l'extrémité libre de la tige. Le 16, cirrhes noircies, feuilles inférieures fanées, feuilles supérieures crispées. Le 17, cirrhes sèches et flétries. Le 19, feuilles flétries. Celles du sommet sont grillées. Le 2), toutes les feuilles sont crispées, excepté l'une d'elles qui n'est que fanée. Plusieurs d'entre elles sont tombées. Le 21, rameau mort.

Phosphate hydrobisodique. — Le lendemain de l'immersion, le rameau commence à se flétrir. Le 14, les feuilles moyennes sont conservées; celles des extrémités sont flétries. Le 15, deux feuilles moyennes sont conservées; tout le reste est flétri et desséché. Le 16, il est très fané et desséché. — Mort.

Carbonate ammonhydrique (Bicarbonate d'ammoniaque). — L'expérience a commencé le 11 septembre. Trois jours après, le rameau était bien conservé. Le 15, les trois dernières petites feuilles étaient flétries et commençaient à se dessécher. Le 17, le rameau avait encore une assez belle apparence, seulement la dessiccation des dernières feuilles était plus avancée. Le 19, il y avait peu de différence avec les jours précédents. Le 20, tout le rameau était fané. Le milieu était un peu mieux conservé que le reste. Le 23, il n'y avait plus qu'une feuille qui paraissait à peu près conservée ; une autre était fortement fanée, mais non sèche. Tout le reste était perdu. Les feuilles étaient adhérentes dans toute l'étendue de la tige. La rameau n'avait pas noirci, ainsi que cela avait eu lieu sous l'influence de l'ammoniaque et du sulfure hydrammonique.

Oxalate ammonique. — Le rameau se conserve assez bien. Le 13, trois grandes feuilles latérales sont sèches. Le 14, on trouve que toute la rangée latérale gauche est un peu altérée. Le 14, l'une d'elles est flétrie. Le lymbe des feuilles se détache du pétiole. Le 16, les feuilles sont étalées, d'un vert clair. Le 20, l'ensemble des feuilles est encore assez beau, mais elles ne sont point lisses comme avec le chlorure de potassium. 21, bien conservé partout ; cependant on observe la chute de quelques feuilles. Le 22, des moisissures sont observées dans le flacon, sur le rameau, au-dessus de la partie immergée. De fortes gouttes d'un liquide tantôt noir, tantôt jaune ou incolore, paraissent exsuder du rameau dans l'intérieur du flacon. Les feuilles qui restent sont toujours bien étalées et d'un vert clair. Le 23, les feuilles sont encore étalées et commencent à jaunir. Le 28, les feuilles qui restent sont entièrement fanées, jaunes, pâles, inclinées, mais non sèches. L'expérience n'a pas été continuée au delà de ce jour.

Pyrolignite de fer. (Acétate de fer liquide, impur, à odeur de goudron, servant pour la teinture. Un cinquantième de l'eau employée.) — Ce rameau s'est très bien conservé pendant plusieurs jours. Le liquide a été absorbé d'une manière très sensible. Le 15, les feuilles terminales et les cirrhes ont commencé à se faner. Le 16, on observe une feuille fanée. Le 17, il y en a deux. Tout le reste est bien conservé. Le 18, il est à peu près le même. Le 19, il est fané et flétri à ses deux extrémités. Le milieu paraît assez bien conservé. Quelques feuilles tombent. Le 20, il reste deux belles feuilles. Le 21, chute des deux dernières feuilles, qui paraissaient belles. *Tout le reste est tombé.*

SUBSTANCES D'ORIGINE ORGANIQUE ([1]).

Alcool à 0,30°. — Le lendemain, le rameau paraît assez bien conservé; le surlendemain, la tige est d'une couleur foncée, les feuilles raides, mais pliées; le troisième jour, les pétioles sont pendants; les feuilles sont pliées en deux. L'extrémité supérieure de la tige est beaucoup plus colorée que l'inférieure, qui n'a pas varié; le quatrième jour, les feuilles sont fanées presque partout. Le rameau a bruni dans sa partie supérieure. Le cinquième jour, les feuilles sont très fanées et présentent des taches à leur pourtour. Le sixième jour, la tige du rameau brunit dans toute sa longueur. Le septième jour, les feuilles sont sèches et le rameau est bien mort.

Alcool camphré. — De l'alcool camphré est ajouté à de l'eau que l'on agite. Celle-ci se trouble; mais quelques heures après tout est limpide; le camphre s'est dissous dans l'eau sous l'influence de la petite quantité d'alcool employé et par suite de son extrême division. Expérience commencée le 11 septembre. Le 12, les feuilles sont lisses et d'un beau vert, mais pliées en deux. Le 13, les feuilles paraissent bien conservées; mais la tige, les pétioles et même les nervures sont très fanés en couleur. Le 14, tige continuant à se colorer; pétioles inclinés, feuilles pliées, mais conservées. Le 15, la même chose que la veille, mais plus prononcée. Le 16, le rameau est fané partout. Le 17, très fané et desséché, mais plus en haut qu'en bas. Le 18, mort.

Acide phénique. — L'action de ce produit a été très rapide. Le quatrième jour, le rameau était mort. L'expérience ayant commencé le 11 septembre, le 12, la tige, les pétioles et les nervures étaient violets; le 13, ces organes étaient noirs. Les

---

([1]) Le carbonate, l'oxalate d'ammoniaque, le pyrolignite de fer, et d'autres substances encore, auraient pu être réunis à ce groupe.

feuilles sont aussi couvertes de taches noires près des nervures; elles se crispent, se dessèchent et sont inclinées. Le 14, presque tout est desséché, et l'on peut dire que le rameau a cessé de vivre.

Créosote délayée dans l'eau. — Le lendemain de l'immersion, la tige du rameau, les pétioles et les nervures des feuilles sont tachés d'un brun foncé; elles sont infléchies et commencent à se flétrir. Le surlendemain, le rameau est en partie noirci; il en est de même des pétioles, des nervures et du parenchyme des feuilles; ces dernières sont inclinées et à demi sèches. Le 14, rameau taché, complètement noir en haut. Le 15, mort.

Essence de térébenthine. — Cette dernière communique à peine son odeur à l'eau et flotte à sa surface. Le lendemain et le surlendemain de l'immersion, les feuilles sont belles, bien étalées et bien conservées; le troisième jour, les feuilles sont encore belles, mais la tige et les pétioles noircissent. Le quatrième jour, les feuilles sont inclinées; le cinquième, elles paraissent fanées en diminuant de bas en haut. Le sixième jour, la moitié inférieure du rameau est perdue, la supérieure est seulement un peu fanée. Le septième jour, les feuilles sont flétries, mais non sèches. Le huitième, le rameau est entièrement flétri; les feuilles sont adhérentes.

Chloroforme. — 2 centimètres cubes de chloroforme sont ajoutés à 200 grammes d'eau distillée. Pendant trois jours le rameau est bien conservé, seulement la tige commence à noircir par le bas le troisième jour. Le quatrième jour, le rameau paraît conservé tout entier; mais on observe la chute des feuilles. Le cinquième, les feuilles inférieures commencent à se faner. Le sixième jour, très fané en bas. La chute des feuilles continue. Le septième et le huitième, la chute des feuilles continue encore; il n'en reste que quatre au sommet, qui sont vertes et assez étalées. Le dixième jour, le rameau est complètement privé de feuilles, et on peut le dire mort.

Hydrate de chloral. — 1 gramme de cette substance est dissoute dans 200 grammes d'eau. L'immersion, comme pour toutes les substances précédentes, a commencé le 11 septembre. Le lendemain, toutes les feuilles sont flétries, un peu moins au sommet qu'en bas, et commencent à se couvrir de taches; le surlendemain, le rameau est fortement fané d'une extrémité à l'autre. Le 14, le rameau ne donne plus aucun signe de vie.

Les trois expériences qui vont suivre ont été commencées le 20 septembre. A cette époque la vie des rameaux était déjà fort avancée et ils ne pouvaient donner des résultats absolument comparables à ceux qui ont été observés antérieurement. Des rameaux plongés dans de l'eau distillée et dans de l'eau ordinaire ont servi de terme de comparaison comme dans les expériences précédentes.

Foie de soufre (produit obtenu en fondant ensemble le carbonate potassique et du soufre). — Un millième du poids de l'eau. Immersion le 20 septembre. Le 21, deux rameaux placés dans le même liquide sont assez bien conservés; l'un d'eux, cependant, se fane à son extrémité libre. Le 22, l'un des rameaux est un peu fané dans toute son étendue; l'autre ne l'est qu'à son extrémité libre. Le 23, une feuille des rameaux est fortement inclinée; l'autre est fanée aux deux extrémités. Ils sont très inférieurs à ceux plongés dans le sulfure de calcium. Le 25, un rameau est fané; l'autre commence à l'être; le 26, ils sont tous deux fanés; l'un est desséché à la partie supérieure. Le 28, le produit dissous dans l'eau s'est altéré et a donné un dépôt de soufre. Les deux rameaux sont perdus. Chute du lymbe de la feuille à l'endroit où elle s'insère sur le pétiole. Sur le deuxième rameau qui était plus ancien que le premier, les feuilles sont adhérentes, mais il est mort.

Polysulfure de calcium obtenu par voie sèche. — 2 décigrammes pour 200 grammes d'eau. Produit se dissolvant et donnant une teinte jaune à la liqueur. Sur deux rameaux employés, l'un s'est fané immédiatement; l'autre s'est très bien conservé; le 25, ses feuilles commencent à jaunir; le 26, idem. Le 28, chute des feuilles sur le rameau qui s'était bien conservé. Rupture entre le lymbe et le pétiole. Le 29, desséché, mort.

Naphtaline. — 2 grammes de naphtaline ont été broyés et plongés dans 200 grammes d'eau. Le mélange a été fortement agité. Le lendemain, après le dépôt de la naphtaline non dissoute, la liqueur possédait l'odeur de ce corps, ce qui peut porter à penser qu'il en avait dissous une partie. Le lendemain de l'immersion, le rameau est très fané dans toute sa longueur; le surlendemain, il commence à se dessécher, et le troisième jour il était mort.

RÉSUMÉ ET CONCLUSIONS.

Les expériences qui sont l'objet de ce travail ont donné plusieurs résultats singuliers et qui démontrent d'une manière précise que les agents toxiques exercent des actions de divers ordres auxquelles on ne pouvait s'attendre. Les uns paraissent embellir la vigne et prolonger son existence. Telle est l'action produite par le chlorure potassique; les autres la flétrissent et la dessèchent même avec rapidité comme la créosote et surtout l'acide phénique.

Le bromure et l'iodure potassique agissent dans le même sens que le chlorure potassique, mais avec moins d'énergie. Énergie qui va en diminuant à mesure que l'équivalent du chloroïde qui entre dans leur composition augmente.

Le chloral hydraté a exercé une action puissante et funeste. En trois jours le rameau était mort; mais les signes n'étaient pas les mêmes que ceux donnés par l'acide phénique.

Un phénomène des plus remarquables a pu être observé dans la chute des feuilles : tantôt leur pétiole se détachait au point où il était inséré sur le rameau, comme pour la plupart des

substances, telles que le bichlorure de mercure, le chlorure, le
bromure et l'iodure potassiques; d'autres fois, c'est le lymbe de la
feuille qui se sépare à l'extrémité du pétiole; celui-ci demeure
adhérent au rameau, comme cela a été observé avec l'eau
ordinaire, les azotates ammoniaque, potassique et sodique. Une
seule fois les deux modes de séparation ont été observés sous
l'influence d'une même substance. Enfin, le rameau peut mourir,
tandis que ses feuilles continuent à y adhérer, ainsi que cela est
arrivé pour le cyanure hydrique, le carbonate ammonhydrique et
l'essence de térébenthine.

Après le chlorure potassique qui a paru être un agent conservateur tout à fait exceptionnel, le carbonate ammonhydrique a
permis au rameau de conserver sa fraîcheur pendant huit jours;
ce n'est qu'après cet espace de temps qu'il a commencé à se faner.

L'oxalate ammonique a paru aussi exercer une action favorable,
mais elle l'a été beaucoup moins et, finalement, le rameau a
présenté des moisissures à la surface de l'eau.

Le pyrolignite de fer a aussi été un agent conservateur du
premier ordre. Sous son influence, le rameau tout entier a
conservé pendant plusieurs jours une très belle apparence.

Le chloroforme a d'abord paru être un agent conservateur;
mais, dès le quatrième jour, on a commencé à observer la chute
des feuilles.

Quels que puissent être les renseignements à tirer de ces
expériences pour les agents propres à combattre l'épiampélie
actuelle ou pour favoriser le développement de la vigne, ils
n'offrent pas moins un intérêt considérable au point de vue de la
biologie végétale. On ne pouvait soupçonner que ces agents
produiraient des effets aussi variés et par suite que la vigne
pouvait être affectée de tant de manières différentes. Feuilles
demeurant largement étalées en se plissant, se flétrissant et se
desséchant avec une rapidité extrême, quoique le rameau soit
plongé dans un liquide. Variation dans la couleur verte des
feuilles brunissant ou jaunissant, se couvrant de taches dans le
centre des parties libres de leur lymbe ou à partir des ramuscules

du pétiole, flexion de ce dernier, plissement de la feuille, sommeil apparent comme avec le chlorhydrate de morphine. Action rapide. d'agents anesthésiants sur un être auquel on ne connaît pas de système nerveux. Empoisonnements variés; conservation apparente.

Chute des feuilles par la séparation du pétiole dans le rameau ou par celle du lymbe et du pétiole. Ce sont là surtout des faits qui offrent un intérêt considérable et qui ouvrent une nouvelle voie pour arriver à connaître et à comprendre la vie des végétaux.

EXPÉRIENCES

FAITES

AVEC DES AGENTS VÉNÉNEUX

SUR DES VIGNES SAINES

Des travaux considérables ont été entrepris pour étudier le phylloxera, le mode d'action qu'il exerce sur la vigne et les moyens que l'on pourrait employer pour résister aux désastres dont il peut être la cause. Cette dernière partie présente surtout un vif intérêt; car, après les recherches scientifiques qui ont été faites, il faut en venir à l'application. Mais, ainsi que je l'ai exposé dans une leçon que j'ai faite le 17 juillet dernier, les moyens qui ont été proposés n'ont pas toujours été rationnels, et l'on pouvait même savoir d'avance que la plupart d'entre eux ne pourraient donner aucun résultat utile. En effet, il y.a des produits qui se détruisent ou se neutralisent dans le sol; il en est qui sont trop nuisibles à l'homme pour que l'on puisse en faire usage, et il en est enfin un grand nombre qui peuvent être aussi dangereux pour la vigne que le phylloxera, et dont il faut par conséquent éviter l'emploi. Voulant suivre une marche méthodique, j'ai pensé qu'il conviendrait d'abord de mettre les agents anti-phylloxeriques en présence de vignes saines, afin de connaître l'action qu'ils peuvent exercer sur elles. Le présent travail a été entrepris et exécuté dans cette direction.

Les produits employés se rapportent à quatre groupes distincts :

I. — Produits volatils

OU POUVANT EN DONNER.

Sulfure de carbone. — Polysulfure de calcium obtenu par voie sèche. — Sulfure ammonhydrique. — Pétrole léger. — Essence de térébenthine. — Naphtaline.

II. — Produits salins fixes et solubles dans l'eau.

Perlasse (carbonate de potasse du commerce). — Cendres vives. — Bicarbonate de soude. — Sulfate de fer.

III. — Produits divers.

Suie. — Savons.

IV. — Produits mixtes.

Poudres de M. Crébessac.

Les produits liquides ont été introduits dans de petits flacons de 40 à 50 grammes, et enterrés dans le sol à environ 40 centimètres de profondeur, au fond d'un trou percé à l'aide d'une tarière. Les produits solides ont été mêlés avec une partie de la terre extraite au pied des ceps de vigne, introduits dans la cavité résultant de cette extraction, et recouverts ensuite avec le restant de cette terre.

Les expériences ont en général été faites sur deux pieds de vigne différents, étiquetés et placés parmi d'autres pieds sur lesquels aucun essai n'était fait, afin de pouvoir mieux juger les résultats qui seraient obtenus.

I. — PRODUITS VOLATILS.

Sulfure de carbone.

Deux pieds de vigne ont été soumis à l'influence de cet agent. L'un d'eux, qui sera désigné par le n° 1, était plus fort et plus élevé que l'autre qui portera le n° 2. Le sulfure de carbone a été introduit dans de petits flacons, sans les remplir entièremen pour laisser une plus grande surface à l'évaporation. Le flacon du n° 1 contenait 28^{gr}2 de ce liquide; l'autre en contenait 29^{gr}4. Ils ont été enterrés aussi près que possible de l'axe des pieds de vigne, à 40 centimètres de profondeur, dans des trous percés à l'aide d'une tarière, ainsi que cela a été dit précédemment. Les flacons ont été recouverts avec quelques cailloux pour que leur ouverture demeure libre, et les trous ont finalement été bouchés avec de la terre.

Cette opération a été faite le 22 juillet 1874.

Le 24 du même mois, les flacons ont été déterrés : la terre qui les entourait portait une odeur très prononcée de sulfure de carbone. L'évaporation du produit avait été d'environ un tiers; la vigne était à peine altérée d'une manière sensible à sa partie inférieure.

Le 30 juillet, les flacons ont été déterrés de nouveau : l'évaporation avait été complète, la terre possédait à peine l'odeur du sulfure de carbone.

Le 6 août, la vigne n° 1 avait ses feuilles inférieures légèrement altérées; les supérieures étaient en bon état.

Le n° 2 n'avait nullement souffert, et le raisin commençait à vérer.

Le 18 août, les feuilles inférieures de la vigne présentaient quelques taches rouges.

Le 8 septembre, sur le pied n° 1, les feuilles sont un peu altérées et le raisin peu avancé. Le pied n° 2 a peu souffert; mais les quelques grains de raisin qu'il porte sont peu avancés en maturité.

Finalement, la vigne a été soumise à l'influence du sulfure de carbone ; elle a un peu souffert ; mais elle s'est toutefois bien conservée. Il est certain que, si la vapeur de sulfure de carbone qui s'est dégagée pendant plusieurs jours eût été insuffisante pour tuer le phylloxera, elle eût amplement suffi pour le contraindre à s'éloigner.

Polysulfure de calcium obtenu par voie sèche.

100 grammes de ce produit, mêlés avec environ dix fois autant de terre, ont été introduits dans une cavité creusée autour du pied d'une vigne. Le tout a été arrosé avec environ un litre d'eau et ensuite recouvert de terre.

Le 6 août, quelques feuilles inférieures sont tachées, et quelques-unes sont bordées ou comme légèrement crispées à leur pourtour. Les jeunes pousses sont très belles.

Le 18 août, quelques feuilles sont crispées, mais le fruit est très beau.

Le 8 septembre, plusieurs feuilles sont altérées sur les bords. Le raisin est beau, noir et comme recouvert d'une poudre blanchâtre à sa surface.

En résumé, le sulfure calcique employé peut donner la mort au phylloxera, et n'altère la vigne que d'une manière à peine sensible.

Sulfure ammonhydrique.

Ce sulfure, qui est liquide, a été employé exactement comme le sulfure de carbone, et l'expérience a été commencée le même jour 22 juillet.

Le 24 du même mois, les deux ceps de vigne sont en bon état ; quelques feuilles inférieures seulement ont jauni légèrement.

Le 30, un flacon déterré présente un produit décoloré, avec un dépôt de soufre blanc, qui n'a plus que l'odeur de l'ammoniaque. La vigne et le raisin ont souffert, les feuilles sont devenues jaunes et sont tachées de noir.

Dans le deuxième flacon, le liquide, dont un tiers environ est évaporé, a conservé sa couleur et son odeur.

Le 18 août, les feuilles présentent des taches rouges; quelques-unes paraissent un peu grillées, le fruit est assez bien conservé.

Le 8 septembre, les feuilles des deux pieds de vigne soumis à l'action du sulfure ammonhydrique ont jauni et sont un peu fanées; le raisin est abondant, mais il est peu développé.

La présente expérience et celles qui ont été faites sur des rameaux de vigne démontrent que le sulfure ammonhydrique est dangereux pour ce végétal, et que l'on ne devrait en faire usage qu'autant que l'on ne pourrait se procurer d'autres produits et qu'on l'obtiendrait à peu de frais; mais, dans ce cas, il devrait être étendu dans une très grande quantité d'eau, soit mille fois son poids, et employé par la méthode d'arrosement ou d'injection au pied même de la vigne.

Pétrole léger.

On donne ce nom à une espèce de pétrole dont le point d'ébullition commence à 83° et s'élève à 88°5, et dont le poids spécifique est 0,700.

Ce produit a été employé exactement comme le sulfure de carbone et le même jour 22 juillet.

Il n'a d'abord produit aucune altération apparente sur la vigne; il était entièrement évaporé le 30 du même mois.

Le 8 septembre, les feuilles d'un pied de vigne ont conservé leur couleur verte; mais celles du bas étaient percées en plusieurs endroits. La vigne portait du raisin blanc.

Le deuxième pied avait beaucoup souffert; ses feuilles étaient tachées de noir et de jaune, le raisin était noir et non blanc, comme celui du pied précédent.

Essence de térébenthine.

L'essence de térébenthine ayant été proposée par M. Combes d'Alma pour faire des injections dans la vigne, devait par cela même être essayée. Elle l'a été par le même procédé que le sulfure de carbone. L'expérience a été commencée le 22 juillet.

Le 24, les vignes paraissaient avoir peu souffert; seulement, un pied présentait deux feuilles jaunes à la partie inférieure; l'autre avait quelques feuilles ratatinées à la partie inférieure.

Le 30, sur le premier pied, les feuilles de la partie inférieure étaient mamelonnées, jaunies et noircies par places; le deuxième pied était très attaqué à la partie inférieure.

Le 8 septembre, les feuilles avaient jauni sur un pied; elles étaient un peu mieux conservées sur le second. La maturité du raisin était peu avancée, comparativement avec celle des vignes qui n'ont été soumises à aucun traitement.

Il résulte de ces faits que la vapeur de l'essence de térébenthine exerce une action vraiment délétère sur la vigne, et qu'il ne faut l'employer qu'à très faible dose.

Naphtaline.

Cette substance, que j'avais employée depuis bien des années pour chasser les insectes de la vigne et qui faisait partie de la poudre anti-oïdique de M. Crébessac, méritait d'être employée seule. J'avais déjà reconnu son action délétère sur les insectes, il restait à savoir quel serait l'effet qu'elle produirait sur la vigne. 10 grammes de cette substance, pulvérisée, furent mêlés avec de la terre, et introduits dans une cavité creusée autour d'un cep de vigne. Cette expérience, comme les précédentes, a été faite sur deux pieds de vigne, et a été commencée le 22 juillet.

Le 24, les feuilles du n° 1 étaient couvertes de points noirs, tandis que d'autres avaient jauni. Le n° 2 était bien conservé; seulement, quelques feuilles paraissaient altérées à la partie inférieure.

Le 30 juillet, on observe encore sur le n° 1 des feuilles piquées de noir, et d'autres qui sont devenues jaunes; le n° 2 n'a pas varié sensiblement.

Le 18 août, la plupart des feuilles sont couvertes de taches,

les unes rouges et les autres jaunâtres; elles ont perdu leur sou-
plesse et sont même devenues cassantes.

Le 8 septembre, les feuilles du n° 1 sont d'un beau vert et
paraissent bien conservées; résultat probablement dû à l'évaporation complète de la naphtaline depuis plusieurs jours. Le n° 2 a
ses feuilles très altérées.

Il résulte de ces faits que la naphtaline, qui fait périr si facilement les insectes, est aussi dangereuse pour la vigne, et que l'on
ne doit en faire usage qu'avec beaucoup de modération.

II. — PRODUITS SALINS FIXES ET SOLUBLES.

Cendre.

La cendre a été employée à la dose de 250 grammes par pied
de vigne; l'expérience a commencé le 30 juillet.

Le 6 août, la vigne est magnifique de fraîcheur et de verdeur;
le 18 elle est encore très belle.

Le 8 septembre, les feuilles sont d'un beau vert et très étalées;
les fruits sont superbes.

En général, la vigne soumise à ce traitement est tout à fait
supérieure à celle qui n'a été l'objet d'aucune expérience.

La cendre vive, ou non lavée, est donc un agent fertilisant
plutôt que nuisible pour la vigne.

Perlasse.

On donne ce nom à une potasse du commerce qui est blanche
et riche en carbonate.

50 grammes, mêlés avec de la terre, ont été employés pour
chaque pied de vigne; l'expérience a commencé le 30 juillet.

Le 6 août, les feuilles de la partie inférieure sont un peu
altérées, le reste est bien conservé; les jeunes pousses sont
fraîches et d'un vert clair.

Le 18 août, la vigne est en bon état.

Le 8 septembre, la vigne est magnifique, ses feuilles sont d'un vert clair très beau; le raisin est noir et recouvert d'une poudre blanche que l'on nomme la *fleur des fruits*.

La potasse est donc un agent vraiment favorable à la vigne. Si elle pouvait détruire le phylloxera, c'est en elle que l'on trouverait l'agent auquel on devrait accorder la préférence.

Bicarbonate de soude.

La vigne paraissant avoir une grande tendance à absorber la potasse, ainsi que cela est démontré par les quantités considérables de tartre que les vins laissent déposer, et l'on sait que ce tartre est principalement représenté par le tartrate acide de potasse, il y avait quelque intérêt à voir si l'on pourrait substituer la soude à cet agent. Afin de faire usage d'un produit aussi neutre que possible et facilement attaquable, le bicarbonate de cette base a été employé. La dose a été de 100 grammes pour un pied de vigne; l'expérience a commencé le 30 juillet.

Le 6 août, la vigne avait ses feuilles d'un vert foncé, et la véraison du raisin s'était opérée.

Le 18, les feuilles présentaient quelques taches rouges, et le raisin semblait être en bon état.

Le 8 septembre, la vigne paraissait avoir souffert; cependant le raisin s'était développé, mais beaucoup moins bien que sous l'influence de la potasse.

Sulfate de fer.

100 grammes par pied de vigne, mêlés avec de la terre. Expérience commencée le 30 juillet.

Le 6 août, la vigne est en bon état, ses feuilles sont d'un vert clair, mais non jaunes.

Le 18 août, elle est très bien.

Le 8 septembre, le pied de vigne présente un bel aspect; les feuilles sont d'un vert foncé, quoique le raisin soit blanc. Ce fruit est couvert d'une pulvicule blanche.

Le sulfate de fer n'a donc nui à la vigne en aucune manière ; au contraire, il a paru favoriser son développement.

Le pyrolignite de fer ayant donné des résultats très avantageux avec des rameaux de vigne, il est évident que ces produits peuvent être employés avec avantage. On peut aussi leur substituer les cendres noires et les lignites qui sont aptes à donner du sulfate de fer.

Suie.

200 grammes pour un pied de vigne. Expérience commencée le 30 juillet.

Le 6 août, la vigne paraît en bon état et la véraison du raisin s'est opérée. Le 18 du même mois, elle est toujours en bon état. Le 8 septembre, les feuilles de la vigne sont d'un beau vert et bien étalées. La maturité du raisin est peu avancée.

La suie pourrait être avantageusement employée pour combattre le phylloxera, puisqu'elle ne porte aucun tort à la vigne.

Savons.

Du savon mou à base de potasse et du savon dur à base de soude et contenant de la résine ont été employés.

100 grammes de savon mou ont été mêlés avec de la terre et employés en les introduisant dans une cavité creusée au pied d'un cep de vigne. L'expérience a commencé le 30 juillet. Le 6 août, la vigne est en bon état et présente de jeunes pousses. Le 18, des feuilles sont tachées de jaune, mais le fruit est en très bon état. Le 8 septembre, les feuilles sont étalées, mais commencent à jaunir. Le raisin, qui est blanc, est assez beau.

Le 30 juillet, 140 grammes de savon dur sont introduits dans le sol au pied d'un cep de vigne.

Le 6 août, les feuilles sont ondulées et boursouflées.

Le 18, les feuilles sont tachées de rouge et crispées, mais le fruit est en assez bon état.

Le 8 septembre, les feuilles sont légèrement altérées et sont couvertes de taches jaunes et de taches noires.

Le raisin, qui est de couleur noire, a quelque peu souffert.

Si l'on doit employer des savons pour combattre le phylloxera, on voit qu'il faut donner la préférence au savon mou, à base de potasse. Dans tous les cas, il faudra l'employer à très faible dose. Nul doute que sa dissolution apparente, si elle peut atteindre le phylloxera, puisse faire périr cet insecte malfaisant.

IV. — PRODUIT MIXTE.

Poudres anti-phylloxeriques de M. Crébessac.

Ces poudres sont au nombre de deux : l'une contient de la potasse et la seconde de la soude. Elles contiennent, en outre, du sulfure calcique et de la naphtaline.

Elles ont été placées dans des cavités creusées au pied des vignes le 30 juillet 1874.

Le 6 août, la vigne soumise à la poudre potassique est fraîche, magnifique; le raisin est très beau.

Le 8 septembre, la vigne est aussi belle que possible à tous les points de vue. Le raisin est noir et la maturité est plus avancée que partout ailleurs.

Sous l'influence de la poudre sodique, la vigne est aussi très belle le 6 août, les feuilles de la partie inférieure sont un peu fanées; le raisin est d'une belle qualité.

Le 8 septembre, les feuilles inférieures ont jauni, les autres sont un peu moins belles que celles de la vigne soumise à la poudre potassique. Le raisin est suffisamment développé.

La poudre potassique l'emporte sur la poudre sodique. Elle est vraiment anti-phylloxerique et par la naphtaline qu'elle contient, et par les sulfures qui s'y trouvent. Elle est, en outre, véritablement favorable à la vigne.

En relevant tout ce qui a été fait jusqu'à ce jour, on peut conclure avec certitude qu'aucun autre produit ne peut lui être comparé, pour obtenir les résultats voulus : destruction du phylloxera; amélioration de la vigne.

RÉSUMÉ ET CONCLUSIONS.

Il résulte de l'ensemble des expériences signalées dans le présent mémoire, que tous les produits qui ont été essayés peuvent être employés pour combattre le phylloxera, si on se place dans les conditions qui ont été indiquées.

Le sulfure de carbone, qui avait été reconnu dangereux pour la vigne, peut être employé en le plaçant dans des flacons qui ne lui permettent de s'évaporer qu'avec lenteur.

Le sulfure de calcium, obtenu par voie sèche, peut lui être substitué à cause de son prix qui est très inférieur et parce que, à une dose suffisante pour chasser ou faire périr le phylloxera, il n'exerce pas une action vraiment délétère sur la vigne.

Le sulfure ammonhydrique devra être rejeté; l'essence de térébenthine ne pourra être employée qu'à très faible dose, et il en sera de même de la naphtaline qui peut être très nuisible à la vigne.

La cendre et le carbonate de potasse, s'ils peuvent faire périr le phylloxera, seront en même temps des produits qui exerceront une action très favorable sur la vigne et en augmenteront le rendement en raisin, tant au point de vue de la qualité que de la quantité (¹).

Les sels de fer, ainsi que cela résulte de l'expérience consignée dans ce mémoire et de celles qui ont été faites sur des rameaux de vigne, exercent une action très favorable sur cette plante.

La suie et le savon ne devront être employés que lorsqu'il y aura nécessité de le faire; c'est-à-dire lorsqu'on ne pourra se procurer d'autres produits. Ils devront d'ailleurs ne l'être qu'à une faible dose.

____

(¹) Si le nombre de grains de raisin n'est pas augmenté, chacun d'eux s'accroît en volume.

La poudre anti-phylloxerique, à base potassique, de M. Crébessac, a donné des résultats qui ont dépassé toute espèce de prévision. Sous son influence, la vigne, loin de souffrir, a pris un magnifique développement, et le raisin qu'elle a donné, a atteint la maturité avant celui des vignes voisines qui n'avaient été soumises à aucun traitement.

TOXICOLOGIE GÉNÉRALE

EXPÉRIENCES

FAITES

SUR DES MOUCHES

AVEC DES AGENTS GAZEUX OU VOLATILS

Me proposant de faire une leçon sur le phylloxera, et désirant rendre les auditeurs témoins des effets produits sur les animaux inférieurs par les agents toxiques qui ont été proposés ou qui peuvent être employés pour détruire cet animal, j'ai profité des indications de M. Dumas, qui a opéré sur des mouches. Cet animal pouvant être vu d'une assez grande distance, il devait être possible de réaliser ma pensée; c'est effectivement ce qui a eu lieu. Ces expériences, si minimes, si infimes qu'elles puissent paraître au premier abord, ne sont cependant pas sans offrir un certain intérêt, car elles se rattachent à la toxicologie générale, soit à la pharmaceutique, ainsi que l'eût dit Ampère.

La toxicologie générale ayant pour but de connaître l'ensemble des actions exercées par les produits toxiques sur les êtres vivants, présente un champ excessivement vaste. On peut dire même qu'elle n'a encore été étudiée que dans quelques-unes de ses parties, et que son ensemble est demeuré dans le domaine de l'inconnu.

Cette science, pour être suffisamment comprise, exige que l'on connaisse la constitution la plus intime des êtres vivants, les fonctions remplies par les éléments qui les constituent, et les altérations que les uns et les autres peuvent subir sous l'influence de certains agents.

Or, je crois pouvoir affirmer que rien de cela n'a été l'objet d'une étude suffisante.

On ne sait rien, ou fort peu de chose, relativement à ce qui concerne les végétaux, et l'on n'a pas une idée nette de la constitution des animaux. De là les difficultés que l'on éprouve pour caractériser les troubles qui surviennent dans leurs fonctions.

Je n'exposerai point ici le travail que j'ai dû entreprendre pour avoir une idée précise des faits que je désirais étudier. Le simple examen des questions qui se sont présentées pourra donner une idée de son importance et de la nécessité de s'en occuper dans un avenir prochain.

Tous les agents qui ont été employés étaient des fluides élastiques ou des corps réductibles en vapeur, et possédant généralement, mais non sans exception, une odeur très forte.

Afin de mettre un peu d'ordre dans ce travail, ces corps ont été divisés en quatre groupes : enivrants, — paralysants, — asphyxiants, — et finalement un quatrième groupe contenant des corps qui font périr les insectes, cela est vrai, mais dont l'action n'a jamais été définie.

La division qui précède pourra paraître fort simple et facile à suivre; cependant, si l'on examine les faits et si l'on cherche à en avoir une idée nette, on rencontre des difficultés considérables.

Que doit-on entendre par agents enivrants?

L'ivresse, chez l'homme, commence par une espèce d'excitation, un verbiage immodéré, des idées confuses, inconséquentes; des éclats de rire sans motifs réels, des actions violentes; quelquefois, au contraire, de la concentration et de l'immobilité; puis survient de la faiblesse dans les muscles, de la titubation, le trébuchement, l'impossibilité de se tenir debout, et finalement la chute; la somnolence, même un sommeil profond, mais plus apparent que réel. Si la dose de l'agent enivrant est considérable, la mort peut être la conséquence de son absorption.

Que s'est-il donc passé pour que de pareils résultats puissent être obtenus? On sait seulement que le principe alcoolique ordinaire des boissons enivrantes a été absorbé, qu'il a pénétré dans les vaisseaux sanguins, qu'il n'est point émis par les urines, qu'il s'exhale par les poumons, et que, par conséquent, il n'a point été détruit par l'acte de la respiration; seulement, il a gêné cette dernière, l'a empêchée de s'accomplir, et, se trouvant partout, a profondément modifié les fonctions et troublé leur accomplissement.

On peut donc résumer ce qui précède en ces quelques mots : modification de la respiration, trouble des fonctions nerveuses, diminution de la motilité et de la sensibilité, désordre de l'intelligence, peut-être un changement dans la composition chimique du système nerveux par l'alcool, qui est susceptible d'en dissoudre une certaine partie..., la mort enfin par une asphyxie lente et une paralysie générale.

Voilà ce que produit l'alcool; mais il y a d'autres composés du même ordre qui se trouvent dans les vins blancs, et par suite dans les eaux-de-vie, notamment dans celle dite de grains; produits qui font naître des pandiculations, par une action prolongée, des douleurs dans les articulations, la paralysie des organes génito-urinaires, et celle des membres inférieurs. C'est principalement à l'amylol que l'on peut attribuer ces derniers effets.

Pensant que les corps organiques qui ont la même constitution peuvent être aptes à produire des effets du même ordre sur l'économie animale, j'ai réuni ensemble les principaux alcools : méthol, alcool, propylol, butylol et amylol. Tous ces corps ont été essayés.

J'ai cru devoir y joindre l'acide carbonique qui, certainement, ne joue pas le même rôle que ces derniers, mais qui fait naître des actions paraissant se rapprocher de celles attribuées à l'ivresse.

Le *deuxième groupe* comprend les agents que l'on désigne

généralement par le nom d'*anesthésiants*, tels que l'éther, le chloroforme et le chloral.

Toutefois, je n'ai pu donner ce nom au présent groupe, parce que l'anesthésie est représentée simplement par la perte de la sensibilité, et que lorsque ces agents sont employés à une dose plus élevée, ils paralysent la motilité.

Le nom qui leur convient réellement est donc celui de *paralysants*, et la paralysie doit se diviser en deux parties nettement distinctes, qui sont non seulement le résultat d'agents spéciaux, mais de maladies pouvant avoir une tout autre cause pour origine. On aurait donc :

$$\text{Paralysie.....} \begin{cases} \text{anesthésie : paralysie de la sensibilité.} \\ \text{akinésie : paralysie du mouvement.} \end{cases}$$

Si l'on approfondissait cette question pour remonter à l'origine de ces phénomènes, on aurait à examiner si ces effets morbides sont dus à une altération des parties du système nerveux, qui sont propres à chacun d'eux, ou à une altération plus profonde : l'être intime d'une part, les muscles d'autre part. Causes qui peuvent probablement se présenter, soit simultanément, soit indépendamment les unes des autres.

Aux corps paralysants j'ai cru devoir joindre le cyanure hydrique (acide hydrocyanique). Il agit directement sur le système musculaire, et va jusqu'à détruire l'adhérence des éléments qui le constituent lorsqu'il est administré à une dose suffisamment élevée.

Le *groupe des produits asphyxiants* présente des difficultés notables, et mériterait que de nouvelles expériences fussent entreprises pour qu'il fût possible de les lever entièrement.

L'asphyxie est comprise, par tous les hommes de science, comme une suspension ou un arrêt de la respiration, c'est-à-dire de l'action que l'oxygène exerce sur l'économie animale; mais ce résultat peut être obtenu par des moyens fort distincts et dont plusieurs même sont étrangers à ce travail, tels que la strangulation, l'immersion dans l'eau, la respiration de l'azote, de l'hydrogène sulfuré et de l'oxyde de carbone.

Il suffit de considérer ces trois derniers corps pour que l'on puisse juger qu'ils produisent l'asphyxie par des moyens différents :

1° L'azote, qui n'est nullement vénéneux, fait naître l'asphyxie parce qu'il ne peut tenir lieu de l'oxygène;

2° L'hydrogène sulfuré est immédiatement décomposé par l'oxygène libre et humide, qui le transforme en eau et en soufre, en perdant, par cela même, la propriété d'entretenir la respiration.

Mais où la respiration s'accomplit-elle? Est-ce dans le sang? Est-ce dans toute l'économie?

Les expériences faites sur les mouches permettent de répondre à ces questions, et ce sera surtout celles qui l'ont été avec l'oxyde de carbone.

Des expériences d'une haute importance, faites par M. Claude Bernard, ont démontré que les globules du sang absorbent l'oxygène; mais que, lorsque l'on fait respirer de l'oxyde de carbone à des animaux à sang rouge, ce dernier gaz déplace le premier, et que l'asphyxie en est la conséquence. Or, les mouches n'ayant point de sang contenant des globules rouges, l'effet qui vient d'être signalé ne peut s'accomplir chez elles; cependant elles meurent immédiatement lorsqu'elles sont mises en présence de l'oxyde de carbone.

On est forcé de conclure de ces faits que la respiration s'accomplit dans les organes fondamentaux de la vie, et que le sang n'est qu'un agent qui leur porte l'oxygène.

J'admets cette théorie qui, pour moi, est vraie, et fondée sur l'expérience, depuis un grand nombre d'années. J'ai en effet démontré, expérimentalement, que l'incubation ne peut avoir lieu sans la présence de l'oxygène; que la respiration commence avec la vie, l'accompagne toujours et finit avec elle. Le Mémoire sur l'incubation, publié par le Dr Martin Saint Ange et moi, déposé à l'Académie des Sciences en 1845, avait pour épigraphe : *Toutes les parties du corps des animaux respirent et partout il y a de l'oxygène* (¹). J'ai toujours enseigné cette théorie, soit dans mes

---

(¹) Il n'y a que pour les épidermoïdes : poils, ongles, écailles et leurs analogues, que cette vérité scientifique ne puisse être affirmée.

leçons de chimie en parlant des fonctions de l'air atmosphérique, soit dans mon cours de chimie agricole, dont plusieurs leçons sont consacrées à l'anatomie et à la physiologie animales. Je tiens à signaler ces faits, parce qu'ils ont une importance considérable relativement à ces deux sciences.

Le *quatrième groupe* comprend des corps volatils qui ne peuvent être classés parmi les précédents; ce sont des acides, tels que le formique et l'acétique, le gaz ammoniac, et principalement la naphtaline, qui exerce une action très délétère sur les animaux et les végétaux, sans que les phénomènes produits soient assez appréciables ou assez connus pour que l'on puisse en avoir une idée nette. A côté de la naphtaline se rangeraient encore la créosote et le phénol. A ces corps on doit ajouter les goudrons qui les renferment.

Il y a d'autres corps que je n'ai pu essayer cette année; il y a aussi l'oxygène, qui exerce une action surexcitante, sans doute de l'ordre chimique, se rattachant aux phénomènes de la respiration, et qui ne peut être admis dans aucun des groupes précédents.

Voici la liste des produits qui ont été essayés :

1er GROUPE.

Enivrants.

Méthol, — Alcool, — Propylol, — Butylol, — Amylol, — Acide carbonique, — Acétone.

2e GROUPE.

Paralysants.

Anesthésiants : Éther sulfurique, — Chloroforme, — Chloral.
Akinésiant : Cyanure hydrique.

3e GROUPE.

Asphyxiants.

Azote, — Hydrogène, — Sulfure hydrique, — Sulfure hydroammonique, — Oxyde de carbone, — Sulfure de carbone S_2C.

4ᵉ GROUPE.

Action inconnue.

Naphtaline, — Acide phénique, — Créosote, — Coaltar, — Goudron,
Chaux d'épuration du gaz de l'éclairage, — Extrait de tabac.

RÉSULTAT DES EXPÉRIENCES.

1ᵉʳ Groupe.

Corps enivrants.

Tous ces corps, étant liquides et volatils, ont pu être employés en les faisant parvenir au fond d'une éprouvette contenant un peu d'ouate, afin que les mouches ne puissent entrer en contact direct avec eux.

L'éprouvette était traversée dans toute sa longueur par un tube élargi à la partie supérieure, et représentant une espèce d'entonnoir qui servait pour introduire le liquide.

La figure ci-jointe en donnera une idée précise.

Les alcools, à mesure que le radical qui entre dans leur constitution se condense, sont de plus en plus denses et de moins en moins volatils.

Je rappellerai ici les propriétés fondamentales de ces corps.

	Formules atomiq.	Poids spécif.	Point d'ébull.	Densité de vapeur.
Méthol.....	OH,CH_2	0,798	66°5	1,110
Alcool	OH,C_2H	0,792	78°4	1,613
Propylol....	OH,C_xH_2	0,812	98°	2,079 (1)
Butylol.....	OH,C_4H_9	0,799	108°	2,564 (1)
Amylol.....	OH,C_5H_{11}	0,818	132°	3,147

On notait l'heure à laquelle le liquide était versé dans l'éprou-

(1) Poids spécifiques obtenus par le calcul.

4

vette, celle de la chute des mouches, et, quand il y avait lieu, celle à laquelle ces insectes n'exerçaient plus de mouvement; c'est ainsi que les résultats suivants ont été obtenus :

                Méthol. Effet accompli en....:.......... 19 m. 30 s.
                Alcool. Chute après 13 m. 30 s., mortes en 17   30
                Propylol........................... 5   30
                Butylol............................ 5   30
                Amylol 6   »

Deux à trois minutes après la chute, tout mouvement a cessé.

                Acétone (¹)...................... 3 m. 40 s.
                Mort complète en................ 6   40

Les eaux-de-vie de grains contenant de l'amylol, MM. Is. Pierre et Ed. Puchot ayant trouvé du propylol et du butylol dans le résidu de leur distillation, il ne peut être douteux qu'elles en contiennent, et que c'est principalement à ces produits qu'elles doivent les effets désastreux qu'elles produisent sur les individus qui les consomment.

A mesure que le poids spécifique de la vapeur va en s'accroissant, le point d'ébullition est retardé et la volatilité va en diminuant. Il résulte de ce fait que les derniers alcools sont d'une activité beaucoup plus grande que les premiers, puisque des quantités de vapeur plus faibles ont produit des effets plus rapides.

L'acide carbonique a produit des effets d'une lenteur surprenante. Après avoir été lavé, il a été introduit par la partie inférieure d'un flacon où il y avait des mouches; elles sont tombées asphyxiées après trois minutes et demie. Couchées sur le dos, elles ont remué les pattes pendant longtemps. Versées enfin sur un papier après que tout mouvement avait paru cessé, elles sont toutes revenues à la vie, mais avec une lenteur variable : il y en avait qui étaient envolées, que d'autres n'avaient point encore fait le moindre mouvement.

(¹) L'acétone aurait besoin d'être étudié de nouveau; peut-être faudrait-il le réunir aux paralysants.

51

2me Groupe.

Agents paralysants.

L'appareil précédent a servi pour ces expériences.
Le chloral hydraté solide a été placé au fond d'un flacon
au-dessous d'une couche de coton.

ANESTHÉSIANTS.

Éther sulfurique. — Les mouches sont asphyxiées en une
minute. Mises en contact avec l'air, elles ne reviennent point à
elles.

Chloroforme. — Quoique ce corps soit moins volatil que
l'éther, les mouches tombent sans vie apparente aqrès une demi-
minute d'immersion dans l'air chargé de sa vapeur.

Chloral solide. — Chute des mouches après quinze minutes
trente secondes. Retirées du bocal quatorze minutes après leur
chute, elles remuent encore et paraissent ivres.

L'infériorité de l'action du chloral, comparé au chloroforme,
tient à ce qu'il est beaucoup moins volatil que ce dernier corps.

AKINÉSIANTS.

Le cyanure hydrique ou acide hydrocyanique vient se ranger
parmi les akinésiants ou agents paralysant le mouvement. Il est
éminemment probable qu'il est d'abord anesthésiant; mais son
action est si violente et si rapide, au moins dans les expériences
dont il est ici question, que ce fait ne peut être jugé. Il le sera
ultérieurement en employant des doses plus faibles sur des
animaux vertébrés.

Administré à haute dose à ces animaux, non seulement il les
paralyse et les fait périr, mais leur système musculaire perd sa
ténacité en moins de vingt-quatre heures et il devient fort difficile,
sinon impossible, de les disséquer.

3me Groupe.

Asphyxiants.

Les expériences que j'ai faites sur les produits de cet ordre ne sont pas aussi nombreuses que je l'aurais voulu ; mais j'y reviendrai dans un prochain travail.

L'*hydrogène sulfuré* a été employé en versant simplement cinq centimètres cubes d'une dissolution concentrée de ce gaz dans l'eau dans une éprouvette semblable à celle qui a été décrite précédemment pour les expériences faites sur les alcools.

En une demi-minute, les mouches sont tombées asphyxiées et sans mouvement.

Le *sulfure ammonhydrique* a été employé de la même manière. Son action a été plus lente, mais elle a eu le même résultat.

L'*oxyde de carbone* a été employé en le faisant parvenir dans le fond d'une éprouvette qui contenait des mouches ; elles sont tombées comme si elles avaient été foudroyées.

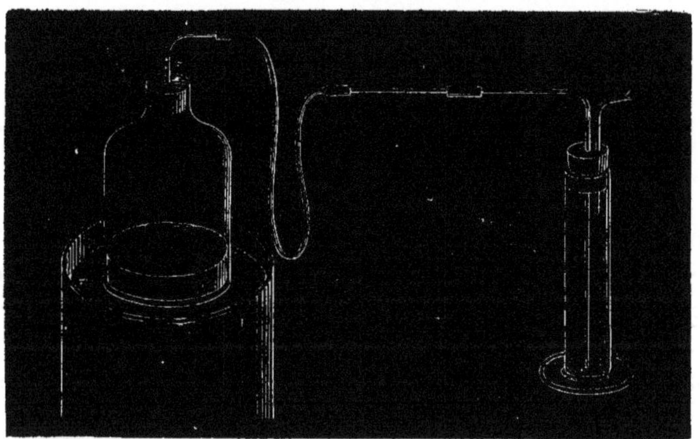

Le *sulfure de carbone*, employé à l'état liquide, comme les alcools, l'éther, etc., a produit des effets rapides, mais moins prompts que ceux résultant de l'action de l'oxyde de carbone.

4me GROUPE.

Action indéterminée.

Parmi les corps de ce groupe, la naphtaline est celui qui mérite le plus que l'on y fasse attention. Quelques grammes de cette substance ont été placés au fond d'un flacon de deux litres à large ouverture, et ils ont été couverts avec de l'ouate.

Les mouches que l'on y a introduites sont mortes en moins d'une minute.

On peut d'après ce fait juger combien il est dangereux de respirer le gaz de l'éclairage, alors même qu'il est mêlé à une grande quantité d'air, car il doit principalement son odeur à la présence de la naphtaline.

Le coaltar, ou goudron du gaz, asphyxie aussi les mouches; mais il exige au moins une heure. Le goudron de bois ne les asphyxie pas en plusieurs heures. La chaux du gaz ne les asphyxie pas en quatre heures.

L'*essence de térébenthine* méritait aussi d'être essayée. Par suite des injections faites dans la vigne par M. Combes d'Alma, il importait de savoir si elle pouvait faire périr les insectes.

Introduite dans le fond d'une éprouvette où il y avait des mouches, comme celles qui ont servi pour les alcools. Ces dernières sont tombées après 6 minutes 30 secondes.

Le vapeur d'essence de térébenthine, si nuisible à l'homme qui séjourne dans des appartements peints à l'huile, qui en contiennent presque toujours à l'état de vapeur, est donc mortelle pour les insectes, et il y a lieu de penser que la petite quantité qui peut s'infiltrer dans le sol, peut aussi faire périr le phylloxera.

D'autres produits ont été essayés; mais les expériences ont besoin d'être répétées, afin qu'il soit possible d'en préciser le résultat

CONCLUSIONS.

Les faits qui viennent d'être exposés, quoique incomplets au double point de vue du nombre des produits qui ont été employés et de celui des êtres sur lesquels ils ont été essayés, ne donnent pas moins des résultats de premier ordre et qu'il est utile de signaler à l'attention des hommes de science.

Il résulte effectivement des faits consignés dans ce travail, que les mouches, insectes infimes, étrangers en apparence aux animaux vertébrés, ne subissent pas moins des actions toxiques du même ordre que ces derniers : asphyxie, paralysie, soit anesthésie et akinésie, et finalement ivresse.

Ne semble-t-il pas résulter de ces observations que les phénomènes fondamentaux de la vie sont les mêmes chez tous les animaux, quelle que soit leur organisation : qu'ils soient insectiformes ou vertébrés?

Ne serait-on pas aussi conduit à conclure que, chez tous les animaux, il y a un être intime, primitif, fondamental, doué des principales fonctions de la vie, et que les organes dont il est revêtu ne servent que pour le mettre en rapport avec les circonstances dans lesquelles il se trouve. Tels seraient les systèmes respiratoires, nutritifs, moteurs et même nerveux.

J'aurai occasion de revenir sur ces faits, qui sont de la plus haute importance si on les applique à tout le règne animal, soit dans les conditions ordinaires de la vie, soit au point de vue médical.

Bordeaux. — Imp. G. Gounouilhou, rue Guiraude, 11.